台灣這裡有貓

CATS iN TAIWAN

貓夫人

攝影・文字

二〇一八增修版

目次

我愛貓，
更愛台灣。

我是台灣人，卻從小生長在不准說台語的年代裡，長大後，就把台語說成了現在這怪腔怪調、不倫不類的洋腔台語。

我是台灣人，卻從小生長在被教育要把大陸各鐵道支線背熟的年代裡，長大後，卻不知道想去平溪放天燈，到底該搭什麼火車才能到達。

因為攝影，我開始學會認識台灣，因為拍照，我開始學會善用台語跟在地人搏感情，因為拍貓，我用貓的視野去觀察這片土地。

台灣這裡有貓，其實也代表了許多生命和情感的延續，如果沒有人類給予的善待方式，牠們就不會有機會努力生存下去。

如果沒有人類給予尊重生命的態度，牠們就不會給予友善的回應。

因為愛，開始學會怎樣去欣賞，懂得如何去包容，人和貓之間的互動才因此而更美好，我學習用影像把世間的愛堆疊成美麗的回憶，

希望用自己的心，用貓的眼，去關懷這片屬於自己的地方，我愛貓，更愛台灣。

這本書首先要感謝我的老公貓博士——林政毅，在我的創作過程中總是當我最大的後盾，無論是精神上、物質上、時間上，都給我很大的發揮空間，還要到處幫我收集有貓出沒的訊息。

他很愛貓，也比我更愛台灣，所以這本書一定要獻給他，當作是我這些年來對他的感謝。

本書照片拍攝機種：

PENTAX——645D
55mm F2.8
120mm F4.0

CANON——1Ds MARK2
15mm f2.8
28-70mm F2.8L USM
70-200mm f2.8L IS USM
200mm f2.0L IS USM

倒過來的人生更精采

我的人生像是倒著活的。

6 年前，因攝影開闊了視野，並接觸網路世界，進而投入貓咪志工工作，為小村落的貓咪謀得更好的照顧，卻也因此飽受批評而傷痕累累。

3 年前，因為一面貓咪獎牌開始練習跑步，讓最厭惡的跑步化為滋養生命的養分，並磨練自己的心志。

現在，我接觸木工，自己動手做家具與雞舍；我迷戀甜點，自創品牌分享給網友；我養雞務農，自給自足，同時也是個視障陪跑員。這幾年的人生轉化，讓我深深感受，人生不是一成不變的篇章，不要預設自己的未來里程，更不要為了別人的一句話而喪志。每一段人生風景都會因為自我的熱情和努力，變得獨一無二。

由衷感謝那些曾經批評傷害我的人，讓我擁有強大的力量，把噓聲變成自己的掌聲，從家庭主婦蛻變成鋼鐵般強大的村婦。當然更感謝貓咪，因為牠們，讓這世界有更純真美好的存在。

貓夫人在台灣的
十個貓朋友

說起和這十個朋友之間的感情，還真的需要用影像去把故事堆疊起來。我們見面的次數並不多，也不常聯絡，牠們也不會關心我的生活，甚至忽略我的存在，但如果我想看看牠們時，我就會開車去找牠們。一年中幾次的相見都得要花上許多時間再培養感情，好慢慢喚起牠們對我的記憶。不過每次看到老朋友，在老地方出現，心裡很慶幸著，牠們還健康的活著，雖然在轉身後，我們還是變成了陌生人。沒有負擔的思念卻是我給牠們最好的祝福。

三重義天宮
Yamaha

Yamaha是義天宮的長老，現在14歲，換算成人類的年紀應該是老爺爺了，牠喜歡陪著王老師在誦經班的桌子上講課，也喜歡捲臥在跪墊上陪著香客祈福，還曾經在金爐前面看香客燒金紙而被火燒傷送醫。我最喜歡牠，因為牠總是認得出我的聲音，一叫就過來撒嬌喔！

貢寮馬崗
半屏山

這花心的半屏山頭上俗而有力的髮型是牠的招牌，我認識牠的這幾年就換了好幾個老婆，每個老婆都很俏麗喔！半屏山的基因很強，生的小孩跟牠很像，髮流也是半屏山。不過牠似乎很怕我洩漏牠的花心秘密，所以看到我就跑，其實牠海邊浪子的名聲早就傳遍馬崗了。

雙溪牡丹村
阿ㄆㄧㄚㄟ

牡丹村充滿喜感的阿ㄆㄧㄚㄟ，好久沒看到牠了，不知道是不是交新了朋友。前幾年第一次見到牠，我笑到連按快門都會抖，身上花紋的分布簡直跟熊貓沒啥兩樣，只是那呆滯的模樣，讓人更噴飯。

新莊豆花店
喵喵

愛趴車的豆花帥哥依然喜歡坐在腳踏車上兜風，那輛牠愛用的舊舊兩輪車，不知道何時可以改裝成專屬的夢想跑車呢？

南投精舍
黑熊

師父養的黑熊依然魅力十足，魁梧的身材聽說是整天爬樹鍛練成的。

貢寮福隆
白熊

白熊絕對稱得上是福隆花美男，混身充滿男人魅力的肌肉和迷人的雙色眼睛，讓我迷戀他好久。

瑞芳鐵道
老橘子

我每次要到猴硐的路上都會停下來找那隻滿嘴牙齒幾乎掉光的鐵道橘子，牠很黏人、很愛撒嬌，總喜歡蹲在古井旁看老奶奶洗衣服。每次停好車，只要一出聲呼叫，牠就會飛奔朝我跑過來。看牠狼吞虎嚥地吃著罐頭，我知道牠一定是怕下一餐沒得吃，所以常常吃很快還吃到吐。可是從去年開始，我再也沒看到橘子的蹤影，聽老奶奶說：「可能年紀大，生病走了。」現在每次去猴硐路上，我還是忍不住在牠出沒的地方停下來看看，多麼希望還能看到牠飛奔而來的身影。

大溪七號公路
布丁

布丁的一隻腳小時候被捕獸夾夾斷，還好小娟姐姐救了牠，現在已經是七號公路義式咖啡中的紅牌店貓了。客人從不嫌牠胖，更不會嫌牠腿短，光是靠牠肥軟的肉體就不知迷死多少粉絲了。

瑞芳猴硐
黑鼻

猴硐的貓就屬黑鼻跟我最投緣了，雖然認識短短兩年半牠就生病離開了，可是那個娘娘腔、愛撒嬌的模樣、低沉的叫聲，到現在都還是沒人能取代牠在我心中的地位，黑鼻我好想你。

瑞芳金瓜石
愛心情侶檔

沒想到在動物界也有同性之愛，金瓜石土雞城的愛心與山貓，這麼多年來一直彼此深愛著，只要愛心出現，山貓就一定跟著。兩個人彼此磨蹭、彼此依偎，形影不離的模樣，真的讓人類又忌妒又羨慕啦！

九份金瓜石

Jiufen & Jinguashi

九份

　　我記得每張照片拍攝時的心情，這兩張照片在不同年份、不同季節拍的，一個即將變天、一個萬里無雲，不過當時的心情卻一樣想著趕快回家。想拍好照片需要花時間等待，我也知道景物越夜越美，但想兼顧興趣和家事就得不斷掙扎取捨，家庭主婦的角色還是要顧好才行。

　　喜歡在清晨的時候開車到九份，那時候沒有
遊客、店家還沒開。一個人揹著相機走在這岐嶇的
山坡上，踏遍每個台階，來來回回走著拍著，汗流
了，又乾了，沒有人會問我在拍什麼，我可以喬裝
觀光客盡情享受眼前的任何美景，有貓在的山城，
真的會讓人流連忘返。

　　有的貓只有一面之緣，說也奇怪，以後再到相同地方去找就是找不到。這隻黑白貓算很親人，不怕生，脖子上帶著項圈應該是有人養的，可能是偷跑出來玩，讓我為牠留下美麗的倩影。

　　很多人說貓不認主人的，我認為這是無稽之談。在九份山上，我們一群人對著小乖叫啊叫的，牠就是不理人。但阿公一開口喊牠，小乖馬上就在地上打滾。阿公叫一聲小乖，小乖就喵一聲，這一來一往真讓站在旁邊的我們起雞皮疙瘩，一人一貓親密的程度簡直像是熱戀中的情侶。

金瓜石

　　每天早上十一點這些貓就會在土雞城門前等了，牠們吃得很好、很健康，還都做了結紮，老闆的用心與愛心從牠們身上就知道。這邊有個傳奇故事，就是愛心與山貓這兩隻公貓，不管到哪總是形影不離，就算新朋友來，也沒變過心。好像前世約定好了，這輩子誰也不離開誰。其實拍了許多地方，這樣的情景出現過不少次，貓咪會有固定朋友、固定出沒的地方，牠們了解忠誠的意義，誰說貓沒感情呢？

（下圖）跟牠，算是奇遇。這麼偏僻的地方還有貓？我真的很好奇牠是怎麼生存的？不過我想這是人類庸人自擾的特性，自古每種生物都有自己生存的方式，沒有人類搞不好牠們活得更長壽。看看牠健康壯碩的身材，我想是我想太多了，在我拍下影像的下一秒，牠一溜煙不知跑哪去了。

猴硐牡丹村

Houtong & Peony Village

猴硐

　　看到牠們對人類的信任，遠超過自己家中的貓對主人的依賴，對於愛貓的人來說，被貓信任是無法抵擋的魅力，我們甘願臣服，為牠們當個被差使的僕人，打個哈欠、伸個懶腰、耍賴、使性子，都足以讓人看迷，牠們就像是超級巨星般被拍個不停，更懂得搔首弄姿賣弄風情討人歡心。

　　牠們不是生下來就相信人類的，而是人們給予友善的互動，才慢慢建立互信，這是貓村帶給我們的省思，因為愛可以改變一切。

　　不知道要怎樣形容這邊的貓，牠們好像被寵壞了，又好像是貼心過了頭，每次看到遊客總是要爭先恐後檢查人家帶些什麼吃的。更像一個沒禮貌的小孩，趴在人家身上聞東聞西。聽說牠們的諂媚都是有口碑的，像被訓練過。

　　天冷的時候，不用擔心找不到牠們的身影，當你坐下時，四面八方會冒出許多的黑影，然後進攻你溫暖的大腿，當你措手不及、無法抵抗的時候，你的兩條腿早已淪陷，並且疊了兩、三隻貓在上面。

　　看著健康長大的小貓，你我一定有著很大的感動，在這樣充滿危機四伏的環境中，能夠安全地一點一滴長大、到處奔跑、玩耍、無憂無慮，除了替牠們開心之外，也感謝社區的居民和遊客，沒有大家的配合和包容，很多生命就會無聲無息地消失。珍惜你們的愛，繼續陪著牠們長大。

猴硐的每隻貓都身懷絕技，有的專門騙吃騙喝，有的像天龍地虎般耍特技來吸引遊客。

　　包青天全家福。包青天的特徵非常好辨認，臉
上全黑，額頭上還有一道白光芒…包青天生了三個
小孩，兩個卓別林，一個妹妹頭，猴硐貓的特色，
就是黑白貓很多，所以這邊的小貓很難找到生父是
誰。

　　下雨的猴硐…貓不喜歡淋雨，在猴硐，貓還滿
愛下雨的，下雨的猴硐很美，在雨下的貓也很美，
猴硐的美，有雨也有貓。

牡丹村

　　「牡丹村聽起來好浪漫，應該整村都開著牡丹花吧！」這是我自己對這個地方的幻想。當然，來牡丹村是為了拍貓。在廟前開柑仔店的阿公養了兩隻貓，原本是為了驅趕老鼠，後來養出感情。阿公很驕傲地說，他家的貓是全世界唯一會站的貓，說著說著就從店裡面拿出餅乾，讓貓開始表演。阿公好得意地看著咪咪跳啊跳的，他說他每天訓練咪咪要這樣站。表演到一半，阿公突然說他要換衣服，請我等一下。原來，他要換上鋪棉的厚外套，好讓咪咪爬上他的身上，這是拿手好戲，阿公笑得合不攏嘴，像找到了第二春，還跟我保證下次可以讓兩隻一起跳。我笑到腰挺不直了。

　　過了一條巷子，又看到另一隻貓在屋簷下陪著老人，我又開始拍啊拍，一邊跟阿公說他的貓好可愛喔。阿公叫我等一下，他說他們家的貓很厲害，會站起來，別人的都不會。阿公進去拿小魚乾，然後開始讓這世界唯一會站的貓表演。神奇的牡丹村，裡面有好多「世界上唯一會站的貓」，有這些貓咪特技培訓團，我相信大家一定不會寂寞了。

牠們不在乎外表，只在乎個性是否能相投，這樣的單純最能夠天長地久…我看的出牠們堅毅的眼神，這時候我選擇不打擾，默默的離去就是最好的支持。

東北角七海港

NORTHEAST HARBOR

東北角戰鬥兵團

　　台灣真的處處都有驚喜，連許多偏僻的小地方都有群貓出沒，這個東北戰鬥營是無意間開車經過時發現的，原本以為只有小貓兩、三隻駐守，沒想到在熱心老闆吆喝一聲的號招下，全員湧出，狹小的營地馬上聚集了二、三十隻身型大小差不多，連花色都相似的貓兵團。

　　店裡面的客人看到一群貓出現還打趣的說：「這些都是去猴硐抓來養的嗎？」原來，現在只要看到街貓，很多人都會自然地聯想到猴硐。

　　我的無敵逗貓棒打遍許多地方，但唯獨在這裡施展不開，因為這群狩獵王，戰鬥王，每個都是菁英輩出，逗貓棒在這根本不用逗，就光是拿著手裡，掛在身上，都會被牠們給掠奪走，硬生生的咬著不放，甚至可以把整隻貓釣起來，這些貓對我來說實在是太有吸引力了，現在的街貓通常不夠有持續力，耐力也不足，經常動不動就放棄挑戰，反觀這些戰鬥兵們，抵死不從這些毛茸茸的玩具，奮力的飛啊，跳啊，彈啊…簡直就像是一台台戰鬥機，在旁邊笑的合不攏嘴的老闆娘，還補充說著，平常只要在繩子上綁個球，讓牠女兒拖著球跑，這些貓就會拼命的追趕著球；我看，這種好玩到不行的遊戲改天我也該來玩一輪才行啊！逗貓玩樂是一種樂趣，狩獵追逐也是貓最愛的遊戲之一，簡單的互動，雙重享受。

　　聽說，夏天時老闆掛好的魚串，會被這些天兵們，爬上高處飛躍撲上抱住，這應該是一個多麼有趣的畫面啊！老闆笑著說，等夏天到，叫我一定要來拍。為了拍貓，常常要開好幾百公里，為了拍貓，我常常跟時間賽跑，但是這對我來說真的是件很開心的事，尤其看到眼前這麼多的貓兵團圍繞著，我期待著牠們飛天撲魚的畫面，能夠快一點出現。

大里車站

　　阿嬤帶著我一起尋找她餵養的阿ㄋㄧㄠˇ，我本來以為是隻鳥，原來阿ㄋㄧㄠˇ是貓的台語，終於，看到ㄋㄧㄠˇ窩在保麗龍盒裡面，阿嬤開心的告訴我，阿ㄋㄧㄠˇ很乖，叫我幫她的阿ㄋㄧㄠˇ拍完照後，記得要洗出來送她，她說小時候家人不讓她養狗養貓，嫁人之後先生也不喜歡她養，所以她只好偷偷照顧外面的流浪貓流浪狗，這樣也能感到很開心。愛，在你有能力時給予，就能得到更多肯定。

　　煙雨濛濛的東北角，總是讓我拍貓遇不到好天氣，老公陪我去拍過一次之後，就說他以後不要再去了，因為路途好遠，又遇著陰天，讓他帶去的小相機發揮不了作用，其實我知道他也沒這麼喜歡拍照，只是純粹為了陪我去而拍的，謝謝你的陪伴，有你真好…。

　　離海好近的防風堤，海浪聲不斷的拍打著，難得出現的午後冬陽，讓這隻貓就這麼愜意的睡著了，我在想，如果是我，我才不要躺在這邊睡覺，這樣好沒安全感，還赤裸裸的攤在陽光下，最起碼，該找個遮蔽的石頭擋住，海水來了不會被沖走，路人經過不會被看光，但畢竟牠有著犀利浪貓的灑脫…這點，我可就學不來了。

馬崗漁港

報告！報告！目標出現在前方…
貓的警覺性比人類要高出許多，當你放鬆的時候，就是牠出手的時候了。

人的一生需要擁有幾間房子才算富有？知足
能讓心裡踏實，就算房子不大也能夠感到滿足，
小小的空間就能讓牠感到安全，牠現在最大的成
就就是——「已經擁有」。

福隆

　　很少看到街貓會全身髒兮兮的，連住在海邊的貓兒也通常能保持如此優雅，牠不但是學會耐心的等待，更懂得了沉默能換取同情。

外木山

　　第一次意外發現牠們在秋天的午後，三個好朋友住在海邊，駐守著廢棄的鐵皮屋。聽一位小姐說：在夏天的清晨，牠們會在沙灘玩耍，我好期待能在明年夏天，看到牠們可愛玩沙的模樣。夏天了，我回來看看牠們，卻不見牠們的蹤影了，我來回找了好幾次卻還是沒發現，拍街貓常會遇到這樣的情形，讓人很感傷，不管是生病了還是被抓走了，都希望牠們能平安的活在世界的另一個角落。

義我天宮

I Tien Palace

　　宗教自古以來就是一種安定社會的力量，可以善化人心、凝聚民心，具有讓萬物和平的重要使命，在義天宮這裡，我真正看到的是：萬物皆平等，尊重生命下衍生出來的大愛；凡事以愛為出發，人與萬物和平共處模式，彼此尊重著，這才是最令人敬佩景仰的宗教力量。

　　看到地上框起來的壓克力架，就知道這事絕對不平凡，這立起來的聖筊真的太難得可以見到了，聖母顯現的奇蹟，連廟裡的貓都跑來慶賀，但讓我更不可思議的是，這寶貴的立筊框架上，竟然還能讓貓兒自由地跳上跳下，沒見到有任何人來阻止，廟方從容自若的態度，才是最讓我感到奇蹟啊！

義天宮
聖母顯現奇蹟

民國一○五年二月十四日農曆十二月廿七下午四時半

供入降臨聖母神像 聖母宗教大法師

　　這幾年因為發現義天宮有貓，所以常來拍照，這原本讓我敬畏的地方，卻因為貓的存在，而讓我自在許多，義天宮的廟祝和工作人員對貓的態度都非常的友善，常常看到神桌上面或是媽祖旁邊躺著貓在睡覺，誦經班在上課時，有些貓還會變成座上嘉賓呢。

　　香客進進出出的，卻沒有人露出不悅的神情，所有人都把牠們當作是廟裡面的一份子，廟裡面還有自製的塑膠繩逗貓棒，也幫貓繫上平安符，讓牠們專門吃的飼料…從這許多細節看來，就能明確地感受到廟方對貓的疼愛。

　　妞妞是廟裡面人氣最旺的貓，牠的特徵就是脖子上掛著平安符，不怕人的牠，常在廟裡面活動自如，神桌上的食物牠也不會去打翻偷吃，不幸的是，在去年妞妞突然失蹤了一個月，讓所有人都好擔心，三重當地電視台還特地幫廟方在電視上協尋妞妞，但是卻傳來不幸的消息，有香客發現妞妞已經在附近的花圃中過世了，而牠帥氣的模樣，以後，就再也看不到了。

　　義天宮的貓特別安靜、懂事，不知道是不是常聽經文，還是因為有媽祖保佑？讓牠們做一個讓人疼愛的小孩。
　　Yamaha若有所思的靜坐在神桌上，牠專注的眼神好像聽到什麼了，我真希望能跟牠們對話，好知道牠們心裡到底在想什麼。

　　Yamaha是廟裡最年長的貓，聽說已經十四歲了，相當是人類的老爺爺喔，他最喜歡陪伴在誦經班王老師的身邊，聽經文邊睡覺。Yamaha因為年紀大有次站在香爐旁邊取暖，還不慎被燃燒中的香火給紋身，住院了好幾天，幸虧廟方的人待這些貓像自己小孩般的疼愛，才能受到這麼多照顧。

新埔柿餅

Hsin-Pu Persimmon

　　攝影團最愛拍照的芭樂景點之一「味衛佳」，除了有壯觀的曬柿餅場景可拍攝，老闆一家人的熱情和專業，絕對也是深受大家喜愛的原因。每年十月是曬柿餅最繁忙的月份，特地來朝聖拍照的人潮也不少，二姐和其他員工不僅不抱怨，還會熱心招呼來攝影的朋友，甚至告訴他們哪個位置光線好、哪邊拍起來好看。他們知道我特地來拍貓時，還跟我分享了許多養貓的趣事，今年因為豆花妹又生了許多小貓，讓柿餅園更熱鬧有生氣，二姐笑著說園裡養了一堆雞、鳥，再加上這群小貓，都快變成動物園了。

　　為了拍到這個畫面，當時我直接躺在被烈日曬得發燙的地板上拍攝，但看到貓咪可愛逗趣的模樣，什麼辛苦都值得了。

　　無辜可愛的表情真的是一種很強的毒藥,很多人養了貓,就無法走回頭路,一隻、兩隻、三隻⋯。愈養愈多,像是中了毒癮。看到小貓,總會讓人下意識地流口水,然後開始掙扎「要不要再養?」

　　這些小貓都是豆花妹今年的得意之作,不知道去哪玩就順便帶了伴手禮回來,還一下子生了六隻,因為模樣太可愛,馬上被認養了五隻,目前只剩穿小白襪的小黑貓了,老闆說他不能再送走小白襪,會很心疼的。

新竹眷村

Hsinchu Military Community

「為了妳，我可以守護一天一夜，每當夕陽西下，人潮退去，我又開始陷入人神交戰中，妳的香味讓我無可自拔，妳的肉體讓我充滿罪惡，讓我吃，讓我癡，因為一條香腸，我的心情好BLUE。」

第一次看貓咪玩逗貓棒玩到瘋狂，大哥終於主動說要加入行列，看他操控的很順手，玩得比貓還開心。逗貓棒還真的是人貓都愛的玩具，這貓兒架起來的城門城門雞蛋糕，更是讓人鼓掌叫好。

　　牠們總會在你背後出其不意地飛過，牆與牆之間的距離就像是女孩們跳房子畫好的框框，牠們有默契地輪流跳，甚至一起飛，這遊戲讓他們更顯得自信，看誰跳的遠、看誰最神氣，而我們有時也要閃過地上的屎，也要學習用貓咪的輕巧姿態飛過地雷區，跳的好平安送入洞房，跳不好只好去茅房。

許多人對品種貓有偏見，我想這種偏見是不肖繁殖場造成的。
品種貓的美麗不是一種罪，不需要刻意排斥。

街貓也不悲情，不需要刻意放大牠們的可憐，每一隻貓都值得被愛和用心照顧。

鹿港麵線

Lugang Noodles

三年前我帶著妞妞和牠的主人到鹿港拍照，特地到林家麵線朝聖一下正港的台灣手工麵線。妞妞是隻不怕生又穩定的貓，常常跟主人到處遊山玩水，最近聽說腎臟不好所以深居簡出了。想當年妞妞和麵線婆婆完美的演出，兩個身上都沾滿了麵粉，頂著烈日笑得瞇瞇眼的模樣，看了實在令人會心一笑。

　　兩年後，據貓線民王小明回報，意外發現三合院前多了幾隻小貓。於是我再次拜訪林家麵線，原來是附近的貓咪主動跑來古厝，阿嬤的孫女就收養牠了。林家媳婦麗美笑嘻嘻地說，這是她女兒的寶貝，過年時還幫這幾隻貓買了項圈，花了好多錢。結果沒戴幾天，這幾隻調皮鬼就把項圈給弄不見了。聽著麗美姐爽朗的笑聲，看著她每天穿的招牌紅上衣，我真的感受到南部人的親切與熱情。在拍貓的同時，我必須來回穿梭在麵線中間，很怕影響到他們的工作空間，沒想到麗美和她先生還很客氣地告訴我們要小心，甚至有時還可以停下來為貓咪的騰空翻滾鼓掌叫好。

　　她們的樂觀知命就像許多台灣人的寫照，守本分、肯努力又有愛心。這時玩累了的兩隻貓咪安逸舒服地躺在大庭院下睡午覺，看牠們身上沾滿了白白的麵粉，我似乎聞到一股幸福的味道。

南投精舍 NANTOU ZEN CENTER

　　精舍師父敲著鐵碗的聲音，在山谷間特別的清亮，不一會兒，七八隻的貓從遠方急速奔來，有秩序的跑回籠子就定位，真的是七嘴八舌的開始喵喵叫，因為師父要開飯了。

　　在南投的深山裡，鐵皮屋搭蓋的精舍小小的不大，在前院的空地，師父種了許多蔬菜水果，還養著一群母雞帶小雞，我開玩笑的問，師父這些雞是殺來吃的嗎？師父趕緊說阿彌陀佛，這是他小時候就喜歡養的動物，施主不要開玩笑啦，師父本身很幽默，話說他的後山種了大片的梅子園，自己也會提煉一些梅精，說這梅精能治百病，尤其是痔瘡，師父熱情的拿出牙籤，要我挖一點嚐嚐看，我笑著說師父我是來拍貓的，不是來求醫的，熬不過他的誠意，看著手裡拿的小牙籤棒上，心想只挖這一口應該不會出人命的，果然，讓我眼淚直流，酸到叫不出口，酸到想打人，師父在旁邊一直笑，我說下次我再也不相信出家人了啦。

　　師父的一群貓是信徒託給他養的，養著養著越養越多，信徒有難他都伸出援手，師父很愛小動物所以照顧這些貓啊雞啊都不是問題，師父邊走邊唸說，從小都念經給牠們聽，所以這些貓都聽懂得師父的話，看著師傅打開籠子，眼看貓咪全部要奪籠而出時，我還來不及阻止，牠們早就跑到不見貓影了，師父笑說沒關係，等一下就全部回來了。很多人想說為什麼要把貓關起來，因為在這一大片的山林中，如果沒有適當的限制，其實還滿容易有危險的，但是師父每天早晚讓這些貓放風，不僅能活動筋骨還有機會聽心經，看這些野戰部隊每隻都是身材精壯，毛色發亮，不得不佩服在野外生活的動物其實不比家裡的貓還差喔。

　　爬樹秀是我最愛看的，南投高山上的杉林木高度大概也有三層樓高，這些野戰部隊三兩下就爬上三層樓高的樹上，樹下的觀眾掌聲如雷，我們從來沒機會看貓能爬這麼高，牠們下來的時候最妙，全部是

用倒退嚕的方式，感覺很不專業，沒辦法！這就是貓科動物的弱點，能進不會退。另一個高潮就是雞飛貓跳秀，師父走向雞群，手裡抓了一把貓飼料灑向雞群，不管是雞啊貓啊同時在地上覓食，我快被眼前的景象笑死了，師父說你拍了嗎？我說，我笑到忘記了，沒想到出家人還幫我設計場景啊，就甘心せ！

　　隔年我帶著自己出版的貓寫真書送去給師父，書裡面有一篇是寫師父的貓，師父好開心地請我唸給他聽，因為他不識字，唸著唸著我突然感動到流淚，不是自己的文筆好到讓自己噴淚，而是經過一年的變化，我因為貓跟師父認識，因為貓來到這個偏僻的山城，看著生活簡樸的師父有著一群信徒，為自己所虔誠的信仰普渡眾生，師父看著我幫他的貓拍的照片，滿心歡喜的唸著每隻貓的名字時，我感受到身為一個攝影者的驕傲，因為我紀錄了當下最美的一刻，讓愛能持續發光，雖然其中一隻貓過世了，但是照片上牠的可愛模樣，依稀留在我們的腦海中，讓師父可以永遠懷念著。

花系心列

FLOWER COLLECTION

花花的旅行

年紀小的時候什麼都不怕，年紀大了什麼都很怕，當什麼都不怕的時候，許多事物都變得美好有趣了。
每到新奇的地方，牠總是會先探索一番，仔細的打量，細細品嚐所有沒聞過的味道。
天上飛的蝴蝶昆蟲或地上的枯葉樹枝，都像是被施了魔法般的充滿魅力。
牠愛上藍天下自由的空氣，想像有著飛翔的能量。
長大了，懂得害怕懂得保護自己，可是卻什麼都變得不有趣了，怕受傷，更怕失望。
牠開始張牙五爪的示威，證明自己有多聰明，牠愛上重裝備，喜歡自戀更愛上躲貓貓的遊戲，牠不想當
背包客變成別人的過客。花花的旅行，一生一次，小時候美好短暫的旅程，就是最無價的回憶。

OTHER CATS IN TAIWAN

——番外篇。

春安彩虹村

　　台中彩虹村有著充滿個人特色的彩繪圖騰，有的居民反對，而遊客卻當作是觀光景點般來朝聖。附近還有一批打游擊隊的小兵們，把廢墟當成作戰區，有些居民不喜歡到處遊盪的貓，但我覺得牠們是可愛的游擊手。

　　所有的人事物都不可能盡如人意，只能在中間取得一個平衡點，因為，我們都要共生。每到一個地方，貓兒總會聞到「我們是同類的訊號」，我們身上的貓糧、貓罐頭，還有袋子上濃濃的貓氣味，讓牠們不由自主地靠近。這群春安游擊隊有這著敏銳的觀察力和豐富的作戰經驗，不花點時間等待，是拍不到精采畫面的喔！

114

三義

　　三義山板樵父子檔，聽主人說，小貓的媽媽生完小孩沒多久就離家出走了，貓爸爸除了忍受媽媽的無情背叛，還得負責照顧兩個幼子，看貓爸爸這麼豪邁的睡姿，沒想到牠居然是個慈父。

其實很多老人家也很愛貓耶，台灣在某些思想文化中還是對貓有著不公平的評價和註解，每每有負面陰險的角色總要讓他們ㄍㄚ一角，可憐的小寶貝啊，我會用更多的時間去替你們平反的。

車埕集集

　　車埕聚落在南投的半山腰，它的地形和房舍建設是貓最喜歡居住的模式，平房、階梯、小巷、許多的空間組合變成是牠們的最愛了。

坪林

阿嬤開心的笑著說：貓有這麼可愛嗎？我怎麼拍不累啊！
我告訴阿嬤：現在是在拍妳啦！因為妳家的貓臉好臭喔。

梅園

　　咪咪是隻親人又漂亮的三色米克斯貓（米克斯就是mix，也就是混種貓），只要是三色貓幾乎百分之九十九都是母的，咪咪也不例外。

　　柳家梅園在南投是相當出名的賞梅的地方，梅園主人柳先生在水土保持與環保概念都非常的用心，連在飼養貓的觀念上都非常的獨樹一格，咪咪整天與大自然為伍，沒事就陪遊客賞花，散步在梅園中，這裡不會特地準備飼料讓她吃，肚子餓了就到梅園找點心吃，這些點心都附有非常高的蛋白質，不過這點心卻是讓我乍舌。

　　一隻在草地上大約十五公分的蜥蜴，跑跑停停像隻電動的誘餌，被咪咪盯上了，原本以為牠們兩個這浪漫的追逐只是為了打發時間，但我看情況不妙，咪咪簡直要把牠給吞了，深怕咪咪被蜥蜴咬傷或是中毒，趕緊把牠抱離開現場，跑到五百公尺外的主人身邊，我像是打小報告的小孩，告訴柳先生咪咪差一點就亂吃恐怖的生物進肚了，沒想到他竟然回我：這蜥蜴是他的點心啦，我簡直要昏了，怎麼可以吃這種東西啊！突然咪咪從我手上掙脫，又跑回原地，等我趕到現場時發現咪咪的嘴巴縫隙露出一條尾巴晃啊晃的，天啊！咪咪真有你的，難怪你的毛髮不用梳洗都能這麼柔亮啊。

　　動物的本能真的不可小看，在咪咪抓蜥蜴的同時，其實也出現過蟾蜍，但是說也奇怪，咪咪竟然會躲他閃他，深怕被這醜不拉機的生物給黏上，其實牠們都知道蟾蜍有毒性，所以連碰都不會去碰，這真的讓人不得不佩服他們的動物本能。

　　過了一年，又是梅花盛開時，我再度寫信給柳先生，告知我將再為咪咪跑一趟南投(一般的遊客都是為了一睹梅花風采而去造訪，幾乎沒有人是為了貓特地跑一趟梅園吧)，但我卻聽到很不幸的消息，咪咪被遊客偷偷帶走，在沒有告知的情況下不告而別，傷心的梅園主人只能祝福咪咪，希望牠在另一個地方也可以這樣開心的活著。

通宵

　　我真的是第一次看到喜歡與雞住一起的貓，看樣子小橘應該
從小就在雞舍裡出生，才能自在地與雞為伍。牠會跟雞搶食物，
也會跟雞一起睡覺，遇到危險還會躲在雞群理。雞不怕牠，會偷

啄牠，就這樣生活在一起到現在。聽說小橘已經長大了，而且還是跟雞住在一起，我在想，牠會不會以為自己是隻雞啊？

in TAIWAN

二〇一八

增修版

貓

七年的生命份量,到底有多重呢?襁褓中的寶寶上小學了,變聲的小男生準備進大學了,媽媽臉上的皺紋更多了,愛爆衝的小貓變穩重了。從曾經的喧騰到現今的平淡,在愛貓的路上,貓夫人一直沒有離席,她只是用不同的方式去愛貓咪,用不同的生命能量去體會愛的存在。在田裡、在紅磚瓦、在路間,每一次與毛毛身影的偶然相遇,都是生活裡最美好的人生際遇。二〇一八年,依然是個暖心的一年。

Frolic
in the Fields

田裡的
幸福
味道

因為喜歡尋找貓咪的足跡，也因此有機會走訪些許這輩子可能都不會發現的地方。偶然間在臉書上看到一張照片，某鄉里的三合院前晒著滿滿的稻殼，還有小貓在上面玩耍，引起我很大的興趣。用最大的誠意發了訊息，以為會石沉大海，幸運地在幾天後得到版主徐大哥熱情的回應與歡迎，便開著車前去拜會。徐大哥夫妻在科技業退休後，回家鄉想盡一份心力，除了推動無農藥耕種，在保育石虎上也不遺餘力。三合院裡除了一些農具、牛車外，領養回來的三隻成員小貝勒、格格、小不點，更是他們生活中不可缺的樂趣。

養貓，他們是新手，但只要有心照顧就能克服很多問題，貓咪獨特的魅力，更讓夫妻樂於當個貓奴。不過，因附近的環境有時候會噴灑農藥，在怕貓咪們誤食的情況下，基本上不太讓牠們離開自家的三合院，所以會在三合院門口用幾片大木板擋著。拍照後的一個月，徐大哥帶牠們去結紮，聽說貓咪們憂鬱了好一

陣子。想起徐大哥曾說格格喜歡我帶去的肉泥，於是我寄了一些肉泥下去，好讓他們的寶貝解解愁。不久後，收到了徐大哥寄來的一整箱蜜柚，這種喜之而得的互惠，就像回到農業時代的氛圍，人與人之間的互動，是那樣的就是單純而美好。

坤漳伯是宜蘭區資深優質的農夫，在女兒的鼓勵下開始學習有機耕種，並推廣友善土地。幾年下來，土地
環境變好了，蔬菜長得更健康，收成也比過去要多。當初前去拜訪，只是為了買他的蔬菜，沒想到他也有
養貓，而且是一隻好漂亮的美短花紋貓，全家都非常疼愛。美短花紋貓會跟著坤漳伯下田巡邏，有時抓老

鼠，有時在旁打個盹兒，如此「打工換食宿」的日子也過得非常愜意。在這樣沒有農藥的環境中生活著，人、動物、蔬菜，都是頭好壯壯的。

Among Temples

瓦舍的
在地
印記

台灣到處都能看到土地公廟，尤其在漁村裡面。土地公廟佔地雖都不大，在民間仍有著很高的地位。這些沒有任何信仰的貓咪們，把神聖的地方當做是遊戲場所，甚至當作避風避雨睡覺的好地方。或許他們心中無懼，所以沒有敬畏，因為哪裡有鬼神，只有牠們自己。

開車經過西濱，稻田的四周座落許多村莊和矮房，一直沒有什麼人經過，只有在傍晚時一些阿公阿嬤才陸續出現。遠遠看到一位大約快五十歲的太太走過來，我問哪裡有貓可以拍，她猶豫了一下然後叫我等她。原來，她是要回去騎車帶我去找，這麼熱心的人實在是太可愛了吧！我跟著她的摩托車車緩緩開進一條巷

子，旁邊是稻田，還有一群的紅磚屋，她說：「這邊平常都會有很多貓，妳慢慢找。」然後噗地一聲～車子就不見了。

路間的
群聚
相遇

曾聽說台灣的黑白貓最多，雖不知這數據從哪裡來的，但每次看到群貓出現時，仔細數一數後發現，還真的
是這樣耶！貓咪們迎賓的花招很多，我喜歡牠們默默出現、默默離開、偷偷躲起來讓你不經意看到、又悄悄
地從你面前走過，讓你措手不及。 就算沒有什麼好臉色，對貓奴來說，已經是最花俏又獨特的迎賓禮了。

沿著河岸，我找尋著釣魚的人，因為貓咪會等魚，而我來等貓。但不知道是不是來晚了，來這裡的人並不多。
迎面而來一台摩托車，上面坐著一隻哈巴狗，肥壯身體剛好卡在主人雙腳中間，耳朵在空中驕傲地飛著。我
攔住車子禮貌地問：「阿伯，請問這附近是不是有貓會在河邊等魚？」「很少看到耶，不過我家那邊倒是很

多貓。妳走路還是開車？我騎車在前面帶妳去看。」「我開車，請等我。」就這樣三秒鐘，決定跟著陌生人走了。走上小斜坡，阿伯一邊對著草叢喊：「咪咪、咪咪……」，一邊叫我鏡頭要對準。然後，一隻、兩隻、三隻……越來越多的貓咪，如魔法般啵啵啵地冒了出來。 魚沒有釣到貓，是阿伯用他的信任釣到了貓。

侯硐有個大家都知道的阿基師，有人又叫他基拔拔。阿基師每天早上六點都會去侯硐餵貓，風雨無阻。每天一大早的停車場，就是他的車最早報到，下車後就開始忙著餵貓，然後寫日記PO在社群裡面。每天等他的，除了貓還有我們這些忠實的粉絲，貓咪等吃的，我們等看日記。習慣養成了就很難改，漸漸的不到六

點，這些貓咪們就會在停車場等他出現，一聽到引擎聲，甚至列隊歡迎，這獨特的閱兵大典，也是阿基師獨享的榮耀時刻。

K 086

台灣這裡有貓‧二〇一八增修版

作者　　　　　貓夫人
企劃編輯　　　陳毓葳、黃佳燕、連欣華
美術設計　　　野生設計國民小學

主編　　　　　謝昭儀
副主編　　　　連欣華

出版社　　　　腳丫文化出版事業有限公司
地址　　　　　241 新北市三重區光復一段 61 巷 27 號 11 樓 A（鴻運大樓）
電話　　　　　（02）2278-3158、（02）2278-3338
傳真　　　　　（02）2278-3168
email　　　　 cosmax27@ms76.hinet.net

印刷　　　　　通南彩色印刷有限公司
法律顧問　　　鄭玉燦律師
電話　　　　　（02）2915-5229

發行日　　　　2017 年 12 月二版一刷
定價　　　　　新台幣 380 元

國家圖書館出版品預行編目（CIP）資料‧台灣這裡有貓‧二〇一八／貓夫人著‧一版‧新北市：腳丫文化‧
二〇一七‧十二月‧面；公分‧ 腳丫文化；K086／ISBN 978-986-7637-95-6（平裝）／1‧貓；2‧文集；3‧
照片集／ 437.3607‧106019565